U0743390

国兰珍品佳品鉴赏

翟梅枝 陈群 黄彩玲 编著

辽宁科学技术出版社·沈阳

图书在版编目（CIP）数据

国兰珍品佳品鉴赏／翟梅枝，陈群，黄彩玲编著．—沈阳：辽宁科学技术出版社，2008.1
ISBN 978-7-5381-5232-6

Ⅰ.国…　Ⅱ.①翟…②陈…③黄…　Ⅲ.兰科－花卉－鉴赏　Ⅳ.S682.31

中国版本图书馆CIP数据核字（2007）第148954号

出版发行：辽宁科学技术出版社
　　　　　（地址：沈阳市和平区十一纬路29号　邮编：110003）
印　刷　者：辽宁印刷集团美术印刷厂
经　销　者：各地新华书店
幅面尺寸：184mm × 260mm
印　　张：8
字　　数：80千字
印　　数：1～4 000
出版时间：2008年1月第1版
印刷时间：2008年1月第1次印刷
责任编辑：邱利伟
封面设计：邹　亮
版式设计：于　浪
责任校对：徐　跃
书　　号：ISBN 978-7-5381-5232-6
定　　价：45.00元

联系电话：024-23284360
邮购热线：024-23284502
E-mail:lkzzb@mail.lnpgc.com.cn
http://www.lnkj.com.cn

前　言

据有关报道，我国兰花爱好者在千万以上，其爱好者数量之众是其他花卉所不能比的。究其原因，兰花深受人们的喜爱，除其独特的香气和外观美感之外，人们赋予兰花的文化品格，则是更主要的原因。兰花原生地、形态特征及生物学习性，与古代文人墨客心中的君子之风相吻合，于是，兰花就成为古代君子的"形象代言人"。人们爱兰，不仅仅爱植物意义上的兰花，更爱文化意义上的兰花。人们赏兰，是赏一种"无人自芳"的草，一种品格高洁的草，一种没有一丝奴颜媚色的草。从这里也可以看出，古代的赏兰标准要求端庄、素洁之美。

时至今日，社会多姿多彩，审美情趣也日趋多样化，人们的赏兰标准也悄然发生变化。绚丽的奇花与正格的瓣形花、俏艳的色花与秀雅的素心花一样受到人们的喜爱。这种多元化的赏兰标准，使兰花可赏点增加了许多，再加之人们爱兰热情日益高涨，于是兰花佳品珍品不断涌现。为了提高兰友对兰花的甄别能力，本书系统地从鉴赏国兰入手，以图片形式详细介绍了鉴赏、选购和莳养要点。本书多位作者花费了大量时间收集拍摄了古今许多国兰珍品照片，以便读者对照赏析。

瞿梅枝编著了本书第一至第三部分，并统稿全书。参与本书写作及拍摄照片工作的还有陈茵、刘文清、张处炎、林可怡、张丰、刘泉生、郭强、黄道然、黄胜田、王普磊、郑可进、朱风谷、张苗树、林则功、吴河灵、谢钟山、马致方、古方新、王莘佑、李金晶、刘山谷、郑枫、唐工禄、黄虹佶、李中遥、吴吕福、陈生成、钱元等。值得一提的是，本书编写及照片拍摄，得到广大兰友的鼓励和支持，在此表示衷心的感谢。

由于作者水平有限，书中难免有谬误或不妥之处，请读者批评指正。

作　者

目　录

一、国兰鉴赏要点 / 1
（一）香气 / 1
（二）花朵 / 1
　1.外瓣形态 / 1
　2.捧瓣形态 / 4
　3.唇瓣形态 / 6
　4.瓣形花 / 7
　5.蝶花 / 9
　6.素心 / 10
　7.色花 / 11
　8.奇花 / 13
（三）叶片 / 15
　1.株形 / 15
　2.线艺 / 16
　3.水晶艺 / 18
　4.奇叶 / 18
　5.株形艺 / 19
　6.花艺双全 / 19
二、国兰选购方法 / 20
（一）兰花香气的辨识 / 20
（二）无花期花艺叶艺辨识 / 22
　1.从叶片、叶鞘识艺 / 22
　2.从叶芽识艺 / 24
　3.从花苞识艺 / 25
（三）识别造假伎俩 / 27
　1.用竹节根苗冒充龙根苗 / 27
　2.用矮壮素处理低价品种充名品 / 28
　3.用"手术"法伪造名品 / 29
　4.用粘接法伪造名品 / 29

5.用染色法伪造名品 / 30
6.用除草剂处理冒充虎斑 / 30
7.用普通组培苗冒充名品组培苗 / 31
8.用科技草冒充下山新品或名品 / 31
9.用摄影技巧美化花品 / 32
三、国兰莳养窍门 / 33
（一）植料的选择 / 33
（二）兰盆选择 / 35
（三）种植 / 36
　1.消毒 / 36
　2.晾根 / 37
　3.上盆 / 37
（四）水分管理 / 38
　1.浇水 / 38
　2.空气湿度管理 / 39
（五）光照管理 / 40
（六）施肥 / 41
（七）病虫害防治 / 43
　1.病害的防治 / 43
　2.虫害的防治 / 46
四、梅瓣梅形珍品佳品 / 48
五、荷瓣荷形珍品佳品 / 59
六、水仙瓣珍品佳品 / 66
七、蝶花珍品佳品 / 75
八、素心珍品佳品 / 84
九、色花珍品佳品 / 92
十、奇花珍品佳品 / 106
十一、叶艺珍品佳品 / 118

国兰鉴赏要点

中国兰花（通常简称为国兰或兰花），是具有浓郁的中国传统文化意义的一种花卉。经过一代又一代爱兰者的赏兰实践，形成了独到的鉴赏方法。

（一）香　气

兰花的香气清幽淡雅，若有若无。孔子说："兰当为王者香。"因此兰花的香气格外受到爱兰者重视。洋兰及国兰中无香气的种类（如豆瓣兰）并不受人喜爱。我国一些地区（如河南、湖北的一些地区）产的兰花没有香气或只有淡淡的草味。

（二）花　朵

兰花的花朵是由 3 个外瓣、2 个捧瓣和 1 个唇瓣组成的，每个瓣的形态、质地、色彩、着生的方式以及瓣的数量决定了其观赏价值与品位。

1. 外瓣形态

外瓣中居中者称主瓣。主瓣有上盖形、盖帽形、直立形或反卷形。上盖形指主瓣稍向前弯曲，盖帽形指主瓣向前弯垂且紧盖捧瓣，直立形指主瓣平伸而出，反卷形则指主瓣向后卷曲。其中瓣形花以上盖形为佳，反卷形最劣（多瓣奇花等反卷形无损观赏价值）。江浙春蕙兰名品多为上盖形。

主瓣上盖形（春兰环球荷鼎）

主瓣盖帽形（春兰珍蝶）

主瓣直立形（春剑复色花）

主瓣反卷形（春剑翡翠玉兰）

外瓣中分列两侧者称副瓣或肩。副瓣的着生形态，从水平面来说，有平肩、飞肩、落肩、大落肩。平肩指两副瓣平伸，飞肩指两副瓣上翘，落肩指两副瓣稍下垂，大落肩指两副瓣严重下垂。其中，以平肩、飞肩为佳，因为这两种着生形态更显现花的精神。从垂直面来说，副瓣有拱抱形、平伸形、飘皱形和反卷形。拱抱形指两副瓣稍向前弯曲，平伸形指两副瓣平伸而出，飘皱形指两副瓣不平整、稍向后卷曲，反卷形指两副瓣严重向后卷曲。副瓣拱抱形给人热情、谦逊之感，较受人们喜爱。

平肩（春兰贺神梅）

飞肩（春兰京兴荷）

落肩（春兰素心）

大落肩（黑虎）

拱抱形（春兰汪字）

平伸形（豆瓣复色）

飘皱形（春兰碧桃梅）

反卷形（春兰川奇一品）

2.捧瓣形态

　　兰花捧瓣千姿百态，但观赏价值较高的仅有蚕蛾捧、观音捧、蚌壳捧、短圆捧、蒲扇捧、罄口捧、挖耳捧、全合捧和猫耳捧等。这些捧名是根据捧瓣的形状而命名的：蚕蛾捧，因其

蚕蛾捧（春兰绿英）

观音捧（春兰龙字）

蚌壳捧（春兰环球荷鼎）

短圆捧（春兰大富贵）

蒲扇捧（春兰西神梅）

磬口捧（春兰翠盖荷）

挖耳捧（春兰逸品）

全合捧（春兰翠桃）

猫耳捧（春兰汪笑春）

捧瓣起兜，捧端部肥厚且光洁，看起来像蚕蛾状，故名；观音捧比蚕蛾捧长些，形似观音风帽；蚌壳捧，捧瓣如稍张开的蚌壳；短圆捧，捧瓣短阔且呈圆形；蒲扇捧，外观似蒲扇，捧背弯曲度比短圆捧小；磬口捧，形似寺庙用的打击乐器磬的开口部；挖耳捧，捧瓣前端圆形，中后部稍缩小，形似挖耳勺；全合捧，捧瓣与蕊柱合为一体；猫耳捧，似直立的猫耳，捧瓣前部略反卷。

3.唇瓣形态

　　兰花唇瓣（舌）有刘海舌、如意舌、圆舌、龙吞舌、大卷舌、大铺舌、执圭舌和柿子舌等。其命名也是因形而得：刘海舌，圆正规整，顶部微向上并起微兜，形似仙童刘海额前短发；如意舌，舌平挂不卷，顶端上翘起兜，如玉器如意之形；圆舌，比刘海舌略大，且圆，稍微下倾；龙吞舌，舌硬而不舒，顶尖部内凹稍呈兜状，呈龙舌状；大卷舌，舌长而后卷；大铺舌，舌宽大而略长，半长椭圆形，呈下拖状；执圭舌，舌长方形，前部钝尖，向前下方伸展不卷，似手捧圭（古代朝见皇帝时的朝板）；柿子舌，舌短圆，前端微尖，似柿子。

刘海舌（春兰宋梅）

如意舌（蕙兰端蕙梅）

圆舌（春兰汪字）

龙吞舌（蕙兰老极品）

大卷舌（蕙兰金岙素）

大铺舌（春兰龙字）

执圭舌（蕙兰元字）

柿子舌（蕙兰大陈字）

4.瓣形花

　　野生兰花的萼片大多为竹叶形，但有些兰花萼片宽阔，捧瓣和唇瓣的形态也与众不同，花朵的整体感觉或似梅花，或似荷花，或似水仙，于是有了梅瓣、荷瓣和水仙瓣之说。瓣形花均为细花（上品位的花）。其品位的高低依萼片、捧瓣、唇瓣的长短、形态等而异。

（1）梅瓣最主要的特征

　　萼片顶部呈弧形，过渡柔顺（即圆头）；萼片的边缘收缩，呈向里扣卷状（紧边）；萼片基部明显收细（收根）。萼片以短圆为佳，但长脚圆头可视为梅瓣。

　　瓣缘雄性化增厚（俗称白峰、白头），并内扣呈口袋状（即起兜）。这是判断是否为梅瓣的重要标准。捧瓣没有起兜绝不可称梅瓣。捧瓣以蚕蛾捧为佳。

　　唇瓣短而圆，不后卷，以刘海舌、如意舌为佳。

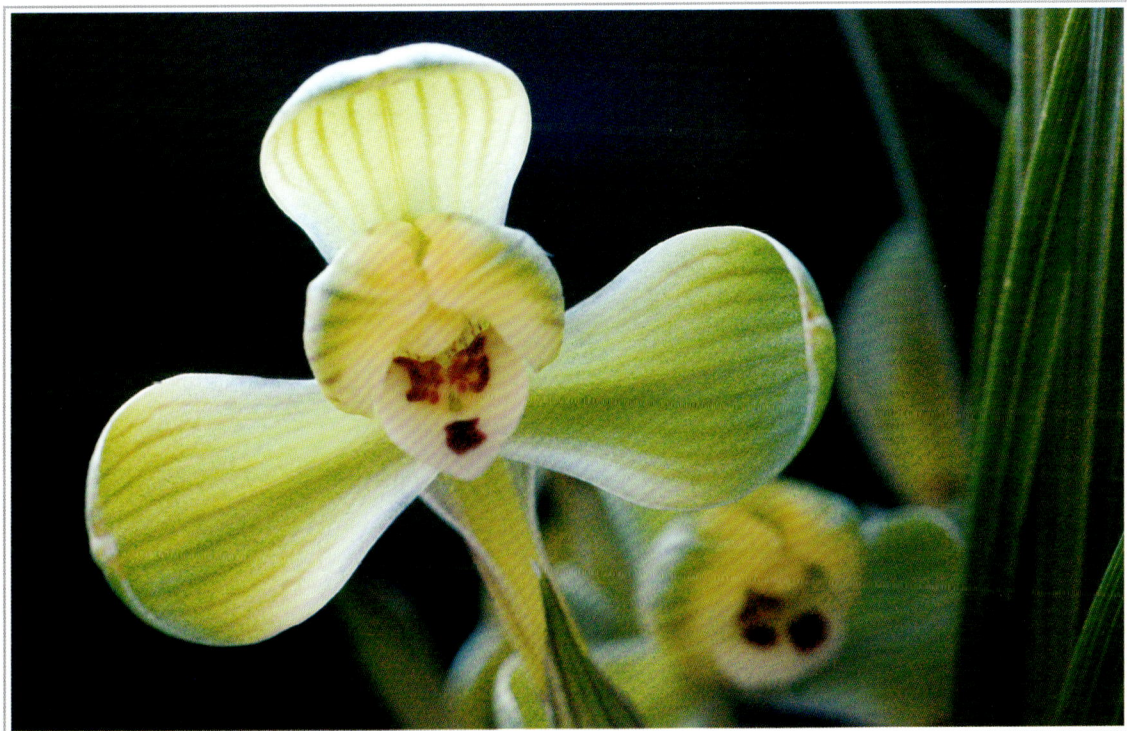

梅瓣（春兰贺神梅）

（2）荷瓣最主要的特征

萼片短阔（长宽比一般小于2：1）、肥厚，且收根放角（所谓放角就是萼片收根的同时，顶端急尖或钝尖，使萼片的两边呈现一个明显的钝角）。

捧瓣较宽大，不起兜，并呈向内抱状，以能合盖鼻头为佳。捧瓣翻卷则不可算荷瓣。以蚌壳捧、短圆捧为佳。

唇瓣圆正，可微下垂或回卷。以大圆舌、大刘海舌为佳。

荷瓣（春兰环球荷鼎）

（3）水仙瓣最主要的特征

萼片一般较梅瓣萼片长，呈长菱形。

捧瓣或多或少有起兜，以观音捧、蒲扇捧为佳。

唇瓣一般较梅瓣唇瓣稍长，放宕下垂或微后卷。

水仙瓣中，介于梅瓣与水仙瓣之间的瓣形称梅形水仙瓣；外三瓣似荷瓣，但捧瓣却有轻兜者，称荷形水仙瓣。

水仙瓣（春兰汪字）

梅形水仙瓣（春兰西神梅）

荷形水仙瓣（春兰龙字）

5.蝶　花

　　兰花的萼片或捧瓣全部或局部的形态和色彩变异成与唇瓣相似（即蝶化或唇瓣化），称为蝶花。蝶花有内蝶和全蝶。

　　内蝶（捧心蝶、蕊蝶），即捧瓣发生蝶化。其中，有的捧瓣完全蝶化，与唇瓣形成均衡的三舌状，称三心蝶。有的蝶化捧瓣，形色与唇瓣不完全相同，而较直立，似猫耳、兔耳、虎

外蝶（春兰下山新品）

内蝶（蕙兰下山新品）

三心蝶（蕙兰新品）

猫耳蝶（春兰黑猫）

兔耳蝶（莲瓣兰玉兔彩蝶）

虎耳蝶（春兰黑虎）

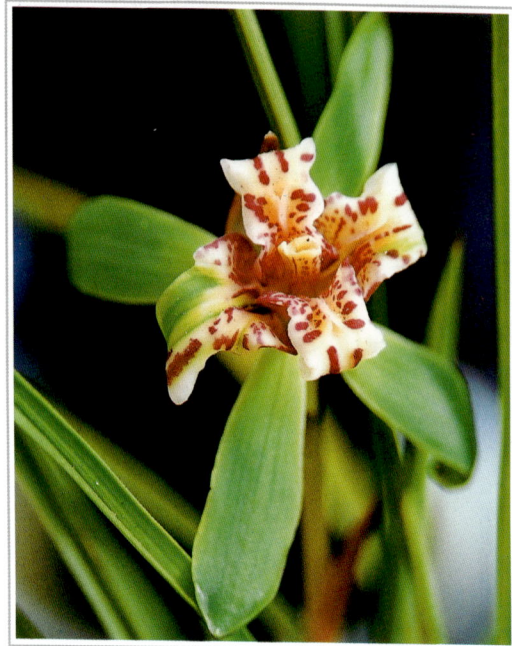

四心蝶（四喜豆瓣）

耳状，分别称猫耳蝶、兔耳蝶、虎耳蝶。有的捧瓣增多且蝶化，与唇瓣形成均衡的四舌状、五舌状，则分别称四心蝶、五心蝶。

外蝶（萼片蝶），即萼片（多为两侧萼片）发生蝶化。

蝶花以唇瓣化程度高、色彩及形态俏丽动人者为上。

6.素 心

素心指唇瓣颜色纯净，只有一个颜色，无异色斑点或斑纹。如唇瓣两侧裂片上布有红晕，则称桃腮素。其中，萼片和捧瓣，甚至花葶及苞衣，颜色也纯净单一，则称素花或全素花。素心品颜色越纯净统一，其品位越高。

素心（春兰杨氏素荷）

素花（春兰黄素）

桃腮素（莲瓣兰玉姬）

素花（春兰白素）

7.色 花

　　兰花花朵色质与普通兰花相比，格外鲜艳夺目，称色花。常见色花有红色花、黄色花、黑色花等。绿色花、白色花较常见，一般不归入色花，但白花中质地晶莹透亮，如玉似冰者，称水晶花。萼片或捧瓣有两种对比强烈的色彩，则称复色花，如覆轮花、中透花等。此外，多瓣奇花中亦有所有瓣均为纯净一色者，称素奇花。色花以色质艳丽、俏美动人者为上品。

金黄色花（春兰皇帝）

鹅黄色花（春兰金荷鼎）

水晶花（春兰新品）

复色花（墨兰金鸟）

红色花（墨兰新娘）

紫红色花（春兰元红）

树形素奇花（蕙兰绿宝塔）

8.奇 花

一朵正常的兰花是由萼片3枚、捧瓣2枚、唇瓣1枚及1个蕊柱组成的，即共有六瓣一蕊柱，此为人们所说的正格花。如果一朵兰花的瓣数多于或少于6瓣，或蕊柱没有或多于1个，则称为奇花。奇花未必都美，但有些品种奇得美，或华丽，或雅致，或妩媚，颇有品赏价值。从古至今，少瓣奇花不为人所喜爱，故少瓣奇花名品不多。

多瓣奇花，包括多萼片（瓣）或多捧瓣（捧）或唇瓣（舌）或多蕊柱（鼻），或两者兼备（如多瓣加多舌、多瓣加多鼻等），或三者兼备（即多瓣、多舌、多鼻）。多瓣奇花常根据其花形而称菊瓣花、牡丹瓣花、树形花等。

菊瓣花：萼片和捧瓣狭长，大量增多，并呈放射状向外展开。唇瓣和蕊柱退化或残存，似菊花花心。整朵花看起来像菊花。

牡丹瓣花：萼片和捧瓣、唇瓣数量均大量增多，且萼片和捧瓣蝶化。蕊柱也蝶化。整朵花花色艳丽优雅，看起来就像牡丹花。

树形花：萼片和捧瓣增多，且着生在花葶的位置并不像正格花那样紧挨着，而是拉开距离，花瓣似分层而出；或主花葶上每隔一段距离又着生小花葶，小花葶上又着生更小的花葶，似树干分枝形。

菊瓣素奇花（莲瓣兰香祖素菊）

牡丹瓣花（春兰盛世牡丹）

菊瓣花（春兰余蝴蝶）

树形花（春兰玉树迎春）

（三）叶　片

　　兰花的花期毕竟有限，因此赏花的时间并不长。但兰花的叶片或修长秀雅，或挺拔雄健，或纤柔妩媚，颇有观赏价值。特别是有些叶片色彩、质地、形态上与众不同，更是惹人喜爱。

1.株　形

　　兰花的株形可大致简单地分为三种：直立形、半垂形和弯垂形。直立形，叶片几乎直立，叶端部直指上空；弯垂形，叶片严重弯垂，呈弧形，叶端部几乎指向地面；介于两者之间者为半垂形。

直立形（春兰散斑）

半垂形（墨兰黄道中斑）

弯垂形（春兰宋梅）

2.线 艺

一般兰花叶片色质为绿色，如出现黄色或白色的斑纹、斑点或斑块，则称为线艺兰。常见的线艺类型有爪艺、覆轮艺、缟艺、中斑艺、中透艺、斑缟艺、蛇皮斑艺、虎斑艺等。

爪艺：叶端部为黄色或白色，并向两侧叶缘延伸一段，叶尖看起来像鸟嘴，故又称鸟嘴。根据黄色或白色的大小，可分浅爪和深爪。

覆轮艺：整个叶片围绕着一圈明显的黄色或白色的线条，也可以说是爪艺的黄色或白色线一直延伸到叶片基部。黄色者俗称金边，白色者俗称银边。

缟艺："缟"即"线条"之义。叶片有明显的黄色或白色的纵向条纹。

中斑艺：叶片的尖部和周围保留绿色，而在叶中央从叶基部开始，有两条以上黄色或白色的线条。

中透艺：叶片的中央呈现黄色或白色，而叶尖及叶片两侧保留绿色。

爪艺（墨兰达摩十公）　　覆轮艺（墨兰日向）

缟艺（墨兰桑原晃）　　中斑艺（墨兰大石门）

中透艺（春兰线艺）

斑缟艺（墨兰圣纪晃）

锦艺（旭晃锦）

蛇皮斑艺（春兰守山龙）

虎斑（春兰轮波之光）

斑缟艺：叶片上有许多明显条纹，它们或分离或联合，形成片状或条状的斑块，呈斑驳状。其中，条纹较细，外观更细腻者称锦艺（叶尖部多浅爪艺）。

蛇皮斑艺：叶片上镶嵌着其他色质的斑块，其斑驳的纹理似蛇皮。

虎斑艺：叶片上镶嵌着其他色质的斑块，斑驳的纹理似虎皮。如斑块较大，称大虎斑；斑块较小，称小虎斑。

3.水晶艺

　　水晶艺，叶片组织内含有如冰似玉的水晶体，而呈现晶莹剔透的白色的斑块、条纹，并且往往伴有叶片褶皱、扭转。水晶艺可出现在叶尖，使叶尖呈鸟嘴状；也可出现在叶片的其他任何地方，如叶片的中央。

水晶艺（建兰龙飞凤舞）

4.奇　叶

　　叶片的形态或叶质变异，或卷曲，或皱褶，或增厚，称奇叶。如出现与叶平等的纵向沟槽或纵向皱褶，而且叶质略有增厚，称行龙。

奇叶（行龙叶）（墨兰文山佳龙）

5.株形艺

兰花株形与众不同，显得玲珑小巧、别致秀雅，称株形艺（矮种）。

株形艺（墨兰达摩中斑）

6.花艺双全

如在叶片具叶艺（线艺或水晶艺或奇叶或株形艺）的基础上，花为细花（即入品的花，如瓣形花、蝶花、素心等），称花艺双全。此种花欣赏价值更高。

花艺双全（春兰银山仙子）

国兰选购方法

　　国兰名品，往往价格不菲，因此最好在花期选购，或者从信誉较好的兰园或兰店选购。但对艺兰者来说，在非花期从众多的下山草中淘到细花，其喜悦是难以言表的。这种被兰友称为"赌草"的行为，虽有运气的成分，但里面也需要许多的经验。即便在花期购花，一些诚信度差的小摊小贩也会作假。因此选择与购买名品，必须具备一些常识。

（一）兰花香气的辨识

　　兰花的香气与其种类有关，如豆瓣兰一般无香气（与春兰等串种者可能有香气），春兰、寒兰等种类中，有些品种也没有香气或香气不足。有花期自然好分辨，无花期只能通过观察叶片或花苞等予以分辨。

　　豆瓣兰叶形狭长，叶质粗糙，叶边缘有锯齿，叶片弹性差。假鳞茎不明显。叶片主脉较透亮，两侧分别有突起的明亮主侧脉。叶鞘抱叶脚不紧，坚硬。其根系和春剑根一样肥大。

　　春兰中产于江浙及云南、福建等地的春兰有香气，而产于河南、湖北一些地区的春兰无香气（这些地区也有不少有香气的春兰）。这些无香气的春兰其叶片等与江浙春兰不同，如有些叶质较粗糙，叶脉较粗且较透亮。花苞质地较软，且抱花蕾不紧，具较粗的紫红或绿色的筋。

豆瓣兰

江浙春兰叶片

无香春兰叶片

江浙春兰花苞

寒兰舌瓣底色为金黄色者香气浓

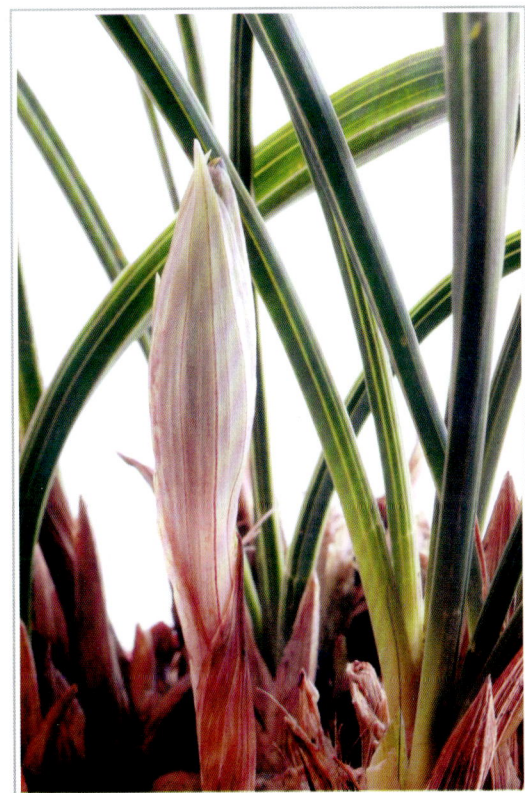

无香春兰花苞

蕙兰一般都有香气，且叶脉越明显越明亮，香气越浓。建兰、墨兰一般也有香气，叶片锯齿越明显，其香气越浓。寒兰中有些舌瓣底色为金黄色者香气较浓，其他色彩者或有香气或无香气。有些寒兰香气不足但至气温低时则香气浓郁。

（二）无花期花艺叶艺辨识

1.从叶片、叶鞘识艺

兰花的叶片形态与瓣形的相关性虽不是很强，但也有一定的相关。一般认为春兰叶阔头钝，叶脚细，叶尖沟深阔，叶鞘短钝、厚实，可能出荷瓣；叶头尖，叶呈 V 形或 U 形，边叶呈鱼肚形，锯齿较粗，脚壳尖具白头（白色米粒状），叶脚薄硬，可能出梅瓣。

每叶尖均钝圆，可能出荷瓣（建兰新品）

建兰可能出梅瓣叶鞘形态

如叶片背面可见许许多多若隐若现的极细小的银白色线段，"浮"在叶背上（即银线），则说明此品可能进化出好的艺向。银线越多越好。银线若在中骨上及两侧，可能出中透艺；若在中骨两侧及副骨之内，可能出中斑艺或中透缟艺；若在叶片边缘，呈银覆轮状，可能出爪艺。银线以靠近叶顶部分为佳，续变力更强。此外，叶艺也反映在叶鞘上，但如叶片残缺，亦可从叶鞘观察到其艺向。

叶背银线明显，可望进化（墨兰新品）

叶鞘与叶片形成明显的相关（墨兰红尾斑艺新品）

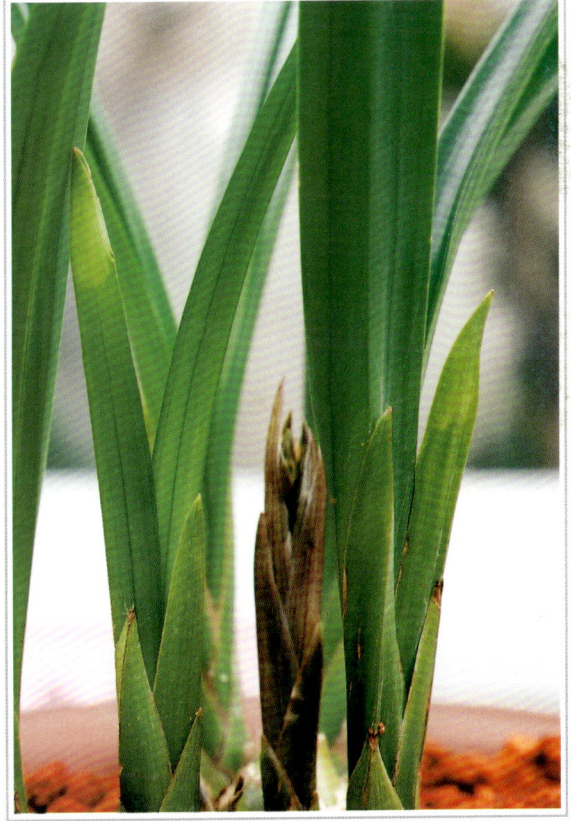

叶片的线艺在叶鞘上表现无遗（墨兰大石门）

叶片具水晶艺的叶鞘，即尖部质感更透亮（墨兰水晶嘴）

2.从叶芽识艺

　　春兰叶尖顶部呈白色米粒状，很大可能为水仙瓣或梅瓣。新芽较硕大，圆而钝，带重彩，可能出荷瓣。蕙兰则可能性更小点儿。

梅瓣花，其芽尖部大多白头（春兰宋梅）

　　芽的色彩与花色也有较大的相关性。芽色一般为红色、黄色或白色，可能开红花；芽洁白泛浅红色筋纹，多开水红、粉红、白底泛红色筋纹的艳色花；芽色蜡黄，展叶后叶色由橙黄逐渐转淡绿，但间有不很明显的淡黄斑块，多开鲜红色的花；芽色彩黄绿或白绿或红绿相间，色质斑斓，可能开复色花；白绿色的芽，或开素心花或开绿色花。线艺品的艺向可大致从芽中看出。

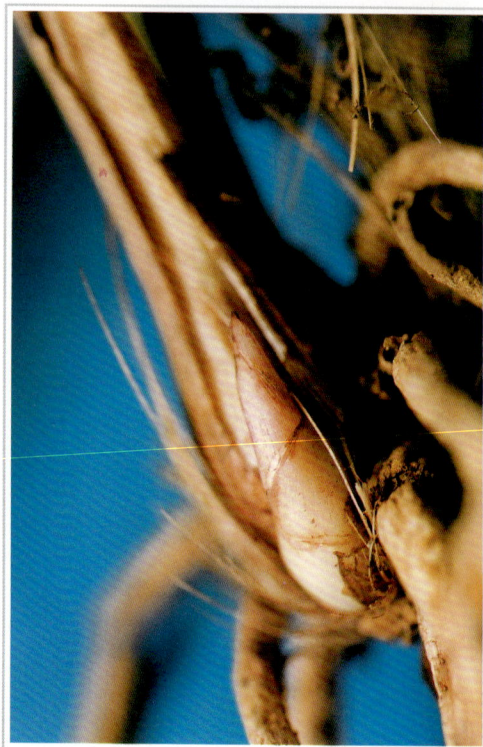

芽色粉红的朵香开红花（云南春兰）

芽色粉红带红筋的建兰开红花

蕙兰纯净绿芽也往往开绿色花

建兰芽纯净绿色且线艺，可断定其为素心线艺品（建兰银边大贡）

3.从花苞识艺

与叶片、叶芽相比，花苞与花艺的相关性更大些，这方面古代艺兰家总经了许多经验(主要是春蕙兰)，如《看壳各诀》等。看苞主要观察花苞的形态以及苞衣的质地、筋（较粗大且

梅瓣花苞（春兰贺神梅）

荷瓣花苞（春兰环球荷鼎）

水仙瓣花苞（春兰西子）

素心花苞（春兰蔡仙素）

红色花花苞（墨兰新娘）

红绿复色花花苞（建兰绿鸟嘴）

长的斑纹）、沙（花苞上沙粒状斑点）、晕（众多细小沙聚集而形成云雾状）等。

梅瓣、水仙瓣花苞较秀气，上下俱空（用手摸花蕾，感觉上半部虚空顶平），中段结圆；荷瓣的花苞较圆，上头不空，下空。苞衣的质地以壳厚硬挺、光泽润糯为好，壳薄软塌、透明或兰透明者（俗称烂衣壳）难出好花。筋纹细长透顶、软润，疏而不密，可能为瓣形花。如筋粗透顶，可能出荷瓣。绿壳绿筋，筋纹通梢达顶，苞壳周身晶莹剔透，多为素心（墨兰除外）。花苞上有沙有晕，大多出梅瓣、水仙瓣。沙晕柔和，或白或绿，可能素心。布满沙晕异彩，强烈起绒、起皱，多出蝶花。形状奇特、怪异，则可能出奇花。

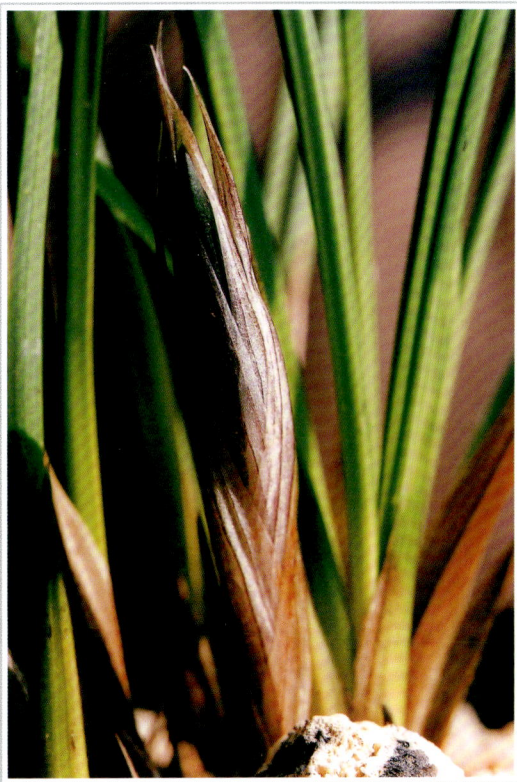
蝶花花苞（春兰千禧蝶）

（三）识别造假伎俩

1.用竹节根苗冒充龙根苗

在大自然中，兰花种子在萌发时，在土中先是长出一段根状茎，到达地面时形成假鳞茎。这种根状茎即为龙根。下山的不少弱小兰苗具有龙根，而兰丛较大的龙根已腐烂。有人说龙根苗更容易变异，从遗传学上说，这是没有什么科学依据的。对于同样是下山的龙根苗与非

呈疙瘩状的龙根（墨兰线艺）

下山兰竹节根

龙根苗而言，其出艺的概率是一样的，因为非龙根苗也是从龙根苗分蘖出来的，而分蘖（无性繁殖）是不会改变其基因的。由些可见，具有龙根的苗，只能证明其是实生苗，而不是分株栽培出的苗。兰花假鳞茎一般丛生在一起，它们之间相连的地方有一段很短的地下茎。在大自然，这种地下茎如遇埋土过深或为大石块所压，生长受阻碍时，会萌生一条比较长的如竹节状的根，一直伸到适于生长的地方再形成新芽，并形成新的假鳞茎，这种竹节状的地下茎，称竹节根。目前，由于认识上的误区，龙根苗的市场价位较高，一些骗子就以竹节根苗冒充龙根苗。

2.用矮壮素处理低价品种充名品

有的骗子喷施矮壮素等植物生长调节剂使兰株矮化，以次充优。如用矮化的大果冒充春兰帝冠，用矮化的墨兰金华山冒充达达摩，用建兰爪艺小桃红冒充覆轮艺锦旗。识破此骗术的方法，一是掌握各类兰各品种的主要特征，二是注意观察假品的破绽之处。如喷药矮化的兰株其叶基部较宽大，不像正常兰花那样叶基收细；根部尤其靠近假鳞茎处，明显膨大，呈萝卜状。

建兰大果稍加矮化，与春兰帝冠有几分相似

矮化的金华山与达摩爪艺有点儿像

以小桃红冒充锦旗

喷矮壮素兰株的特征明显

3.用"手术"法伪造名品

　　"手术"法造假也是骗子常用的伎俩之一，如用刀子削短花瓣，将花瓣纵切伪造多瓣奇花等，不一而足。此种伎俩，用心观察，也不难发现其破绽。

寒兰侧萼片人为地裁短了

4.用粘接法伪造名品

　　用胶水将细花"嫁接"在行花上，冒充名品；或将其他花的花瓣拼接在一朵花上，伪造多瓣奇花。注意观察，可发现其拼接处。

伪造的蕙兰多瓣奇花

5.用染色法伪造名品

普通行花经染色或注射色液,可能变成色彩艳丽的色花。这种人造的色质并不自然,也可以看出。注射色液者则在蕊柱等处可见细小的针眼。如花葶上仍有未开的花苞,取一花苞打开,可予以确认。不过,值得说明的是,许多寒兰的色花有"转色"现象,即在花苞里花瓣仍为绿色,至打开后逐渐变成品种固有的色质。

伪造的蕙兰红色花红得不自然　　寒兰红色花花苞里的花瓣仍为绿色

6.用除草剂处理冒充虎斑

骗子用除草剂处理兰叶局部,使其退绿变黄,形成虎斑的效果。这种虎斑显得生硬而不自然,也不难识破。

用除草剂处理形成虎斑

7.用普通组培苗冒充名品组培苗

组培苗栽培难度较大，但相对而言，组培苗价格较低，尤其是一些价格昂贵的珍品，不少兰友选择组培苗。有的骗子用普通品种的组培苗冒充名品组培苗。只要自己对所选购名品的形态特征了解，就可以避免上当。

从组培苗的叶形可知其为杂交兰，而非国兰

8.用科技草冒充下山新品或名品

我国台湾等地园艺产业发达，科研人员通过将兰花名品之间杂交形成新品，兰友们称这种兰花草为科技苗。这种育种手段对于广大兰花爱好者来说，是一个福音，它为兰花现有品种添姿增色。但是有些骗子用这种兰花冒充兰花下山新品或名品，以牟取暴利。要避免上当，就要求我们平时多关心有关兰花育种方面的动态；购买时弄清兰花草的来源，并从叶质叶形花品等方面来辨识。

碧玉圆荷是春兰与墨兰的杂交品种，其叶质叶形更像墨兰

九仙牡丹是春剑与春兰的杂交品种，其花质花形似乎都有父母本的影子

9.用摄影技巧美化花品

在无花期购买，或在异地邮购，购买者只能看到照片。但照片未必能真实反映花的开品。如在顺光或逆光下，其花的色质大不相同。素心花、色花或水晶艺品在逆光下，色质更透亮，显得晶莹剔透，格外美丽，这种照片作为欣赏当然可以，但作为品种的"标准照"就跟实际的色质有出入。因此，在选购素心花、色花或水晶艺品时，更要注意其拍摄的角度。

春剑真实开品（顺光）

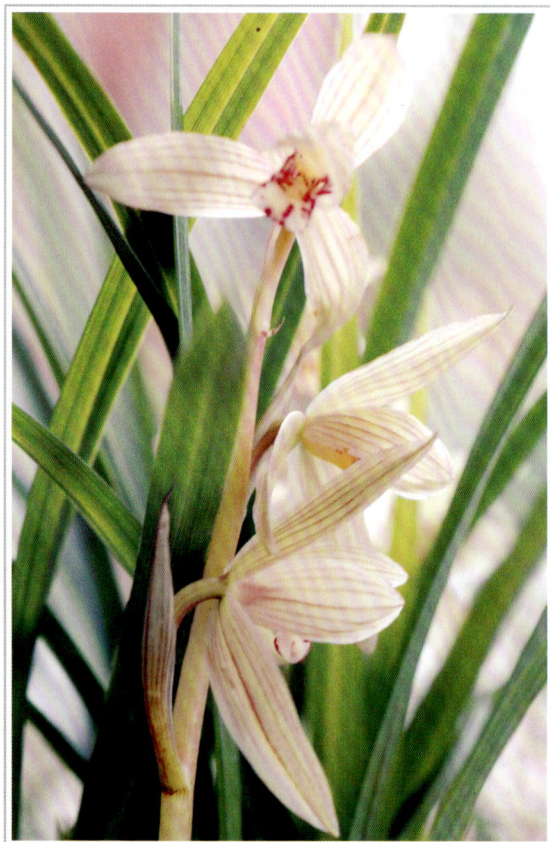

春剑美化开品（逆光）

三

国兰莳养窍门

（一）植料的选择

兰花的根部如同其他植物一样，也要进行呼吸作用，而呼吸作用必须有氧气的参与。因此，对于植物的根部而言，一方面，需要吸收水分，以满足生长发育的需要；另一方面，需要吸收氧气，以满足呼吸作用的需要。传统的兰花栽培采用土壤作为植料，水与气的矛盾突出，很容易造成水多气少或水少气多的状况持续时间过长，特别是水多气少的状况如持续时间过长，则造成烂根，以至于兰苗奄奄一息。

近些年，我国大陆引进我国台湾的颗粒植料养兰法，较好地解决了水与气的矛盾。颗粒植料，水一浇，除植料本身吸水及植料间缝隙持水外，多余的水都漏了，这样，就缩短了根周围微环境处于"湿"的状态的时间，较快进入"润"的状态，这显然降低了养兰的难度。

可用于养兰的植料十分丰富。目前，常用于栽培兰花的植料有仙土、植金石、塘基石、鹅卵石、砖粒、窑土（烧砖瓦的窑壁土粒）、松树皮等。各地养兰采用的植料有所不同，如江浙现以纯仙土或仙土加植金石等多见，四川不少人采用仙土加木颗粒、栗树叶，福建、广东有些兰场用鹅卵石加蛇木或椰皮颗粒。可用于养兰的植料很多，但选用植料时，必须考虑兰苗原有的植料（如原采用颗粒植料的只能采用颗粒植料），所采用兰盆的通透性，栽培场所的光照、通风情况（如光照强、风大，以有一定保水性的植料为好，且颗粒最好细些）等。

仙土

植金石

塘基石

鹅孵石

砖粒

窑土

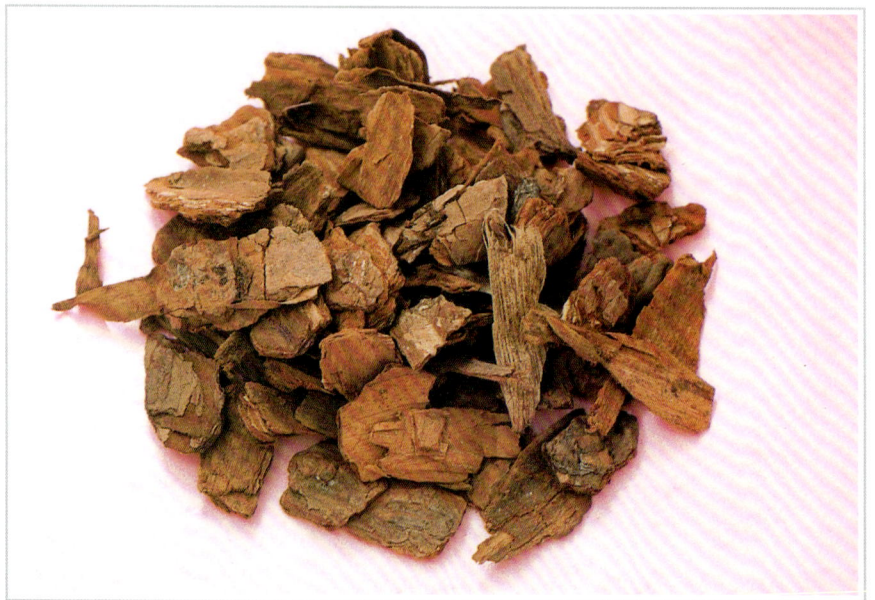

松树皮

从兰友采用植料的种植效果看，许多植料配方都不错，关键是所选择植料要与后续的水分管理相配套。笔者以为，初学者以正宗的仙土（约30%）加其他颗料（如植金石或塘基石或砖粒等，70%），容易成功。下山兰可在颗粒植料的基础上，加少量沙或腐殖土（约10%）等。

仙土加植金石

仙土加砖粒

用颗粒植料加少量沙、腐殖土种植下山兰，易发根长芽

（二）兰盆选择

可用于养兰的容器很多，如瓦盆、紫砂盆、陶盆、塑料盆、瓷盆等。应该说，许多盆都可用于养兰，但通透性差的盆容易沤根，对水分的管理要求更高。因此，一般较少用通透性差的瓷盆。瓦盆通透性好，但不大美观，因此使用不是很多。目前，有一定规模的兰场一般用塑料盆，而家庭养兰多用紫砂盆或陶盆。

塑料盆

紫砂盆

陶盆

（三）种　植

1. 消　毒

　　购回的兰株可能带病菌（尤其是来源不太清楚的兰株），最好要消毒。消毒前，先对兰株进行清理，即清去污泥，剔除腐烂根。然后将其浸泡在广谱杀菌溶液中（如甲基托布津、多菌灵、可杀得、花康等，兰株健康则浓度淡些，兰株有病害症状则浓些），浸泡15分钟左右。

用广谱杀菌药液消毒兰株

2.晾 根

兰株消毒后，根据兰株的状况决定是否晾根。购回的兰株，如刚从兰盆中取出不久，兰根仍为硬挺状态，必须要先晾根，使根变得柔软。如已经过一段时间，兰根已变柔软，可直接上盆。如兰株离开植料时间较长，以致脱水（即叶片变皱，失去光泽），应立即上盆，并喷上水，罩上塑料袋，置于阴处，一般脱水不很严重的三四天即可恢复。

晾根

脱水兰株叶片（右为正常叶片）

3.上 盆

如采用透水性较差的植料（如兰花泥、山皮土等），最好在盆底放疏水罩。如采用颗粒植料，就可直接上盆。

盆底疏水罩

将兰株置于兰盆内

加入配好的植料

轻轻拍打兰盆，使植料充实

植料填至假鳞茎后浇水

（四）水分管理

兰花的水分管理包括两方面的内容，一是盆内水分管理（即浇水），二是空气湿度管理。

1.浇 水

兰花的根是肉质根，类似胡萝卜的根，这种根的特点是贮水量较大，因此显得肥大。这种生理结构的特性是有利于兰花耐旱，因兰花的肉质根贮藏较多的水分，在外界无法供水的情况下，在一定时间内可满足兰株生理需要；但在积水状况下也容易腐烂，因此兰花根部对于周围土壤微环境中的水与气的比例要求更高。这对于浇水技巧提出了更高的要求，也是导致兰花较许多植物难养的根本原因。

土壤处于"润"的状态是最适于兰花生长的。也就是说，土壤处于"润"的状态时水与气的比例处于最适合植株生长的状况，植株既可吸收到所需的水分，也可吸收到呼吸作用所需的氧气。因此，从栽培来说，尽可能延长土壤处于"润"状态的时间，缩短处于"干"和

"湿"状态的时间,这是养兰浇水技术的最终目标。

兰花浇水周期取决于植料的含水状况,而植料从含水饱和状态到处于干的状态,其水分的蒸发速度与天气、植料的种类、兰盆的透气性以及兰盆所放置位置的光温条件等都有关系。因此,浇水周期必须因季节、天气、植料、兰盆等而异。

怎样才能了解盆内植料的含水状况呢?一个简单的办法就是用手拨开盆面植料一两厘米,看其是否干燥。如还湿润,可不浇水。初学者如没有把握,也可在种名品时,用同样的盆同样的植料种一行花(即普通花),置于同样的地方,这样就可随时倒出种行花的盆观察。经过几次翻盆,也可摸索出大致的盆内水分蒸发规律。此外,在翻盆时,如发现兰根空根(即表皮完好但中间已空),说明平时植料太干;如发现兰根腐烂,说明植料太湿。

值得注意的是,兰花炭疽病严重时,最好不用喷灌而用盆沿浇水的方式,因为高湿有利于病菌的繁殖。

现代化的大兰场多采用喷灌的方式浇水

2.空气湿度管理

兰花喜较高的空气湿度(65%~85%),因此必须营造一个较高空气湿度的环境。庭院养兰最好地面铺红砖,并在兰架下铺些木炭或沙子。阳台养兰,最大的问题是风大,空气湿度太低。对此,最好外围(特别朝西面)有攀援植物,并置一较大的水槽,以提高空气湿度。现代化养兰有的还配有水幕帘(即一面墙水流不断似水帘)。兰室内最好配一温湿度计,以及时了解空气湿度变化情况。

温湿度计

兰盆下置木炭有增湿作用

现代兰室装水幕帘

（五）光照管理

兰花性喜半阴，光照不足或过强都不利其生长发育。光照不足，有利于营养生长，但不利于开花；光照过强，兰花生长缓慢。判断光照是否合适的简易方法是观察叶色。叶色偏黄，显得干涩而粗糙，说明光照过强；叶片呈浓绿色，油光发亮，则说明光照不足。当然，如用数字测光仪则更为准确。

光照不足，叶色浓绿，叶质细腻

光照太强，叶色偏黄，叶质粗糙

在内阳台或室内养兰，一般光照不足，对此可用植物生长灯予以补光。在室外养兰，则主要是遮荫问题。一般可用遮阳网遮阴。遮阴与否或遮阴程度因季节和天气情况而异。冬季或阴雨天可整天不遮阴；春秋季节可早晚不遮，白天其他时间遮一层；夏季则遮两层。

光照不足时应予以补光

现代兰场大多安装可活动的遮阳网遮阴

（六）施　肥

有人认为，兰花不要什么养分，可不必施肥。其实，兰花跟其他植物一样，在生长发育过程中需要各种营养。其中，对氮、磷、钾需要量大。氮对兰花叶片、假鳞茎的生长起着举足轻重的作用。如果兰株缺氮，则生长缓慢，出芽少且弱，植株矮小，叶片小而无光泽。因此，兰花在出芽期和叶片生长期应适当多施些氮肥。磷可促进花开得大且色艳，香味足。如果兰株缺磷，则生长缓慢，植株矮小，叶色暗绿，抗逆性下降。因此，在兰株即将进入开花期以及进入冬季休眠期后，应适当增加磷的施用量。钾有利于提高兰株的抗逆性。如果兰株缺钾，根系生长不良，老叶叶尖和叶缘出现黄化，容易感病。因此，在易感病季节和进入冬季前可适当增加钾的施用量。总之，兰花是需要养分的，只不过需要的量较少。也正是因为这个原因，兰花的施肥原则是薄肥勤施。否则，容易造成肥害。

具体来说，采用不同的植料、种植不同的种类、兰株不同的生长状况，其施肥量不同。仙土或兰花泥或腐殖土等，含较丰富的养分，可不施或少施；而鹅卵土、塘基石、植金石、砖碎等基本不含养分，要多施。蕙兰需肥量最大，次之墨兰、建兰，寒兰、春兰需肥最少，它们的施肥量也要与之相协调。兰株健壮可多施，弱苗一定要不施或少施。

常用于兰花的肥料有魔肥、花宝、兰菌王、好康多、植硕、多木等。魔肥等一般作为基肥施用，而花宝等作为追肥施用，兰菌王等则作为叶面肥喷施。

魔肥只要在盆面放四五粒，肥效可维持1年

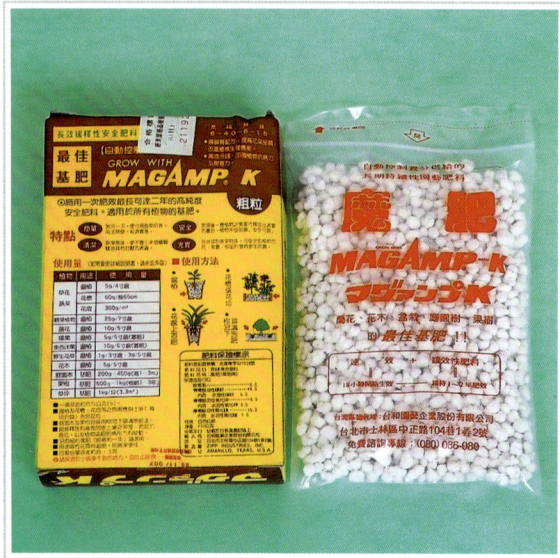

魔肥

花宝

兰菌王

好康多

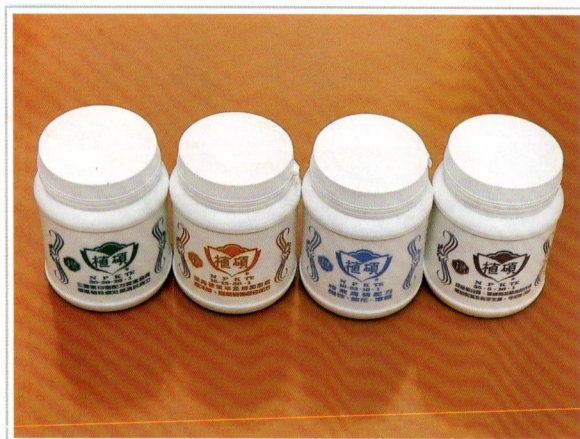

植硕

多木

（七）病虫害防治

兰花病虫害防治必须遵守两条重要的原则，一是"**预防为主，防重于治**"。预防的方法主要是引苗时杜绝病原传入，做好消毒工作；在易发病季节（梅雨季节）每隔一定时间（如15天）喷布广谱性杀菌药（如亿力、甲基托布津、多菌灵、花康2号等）、杀虫药。再一个原则是"**治早治小治了**"。这就是说，一旦发现病情，必须尽早采取措施，喷布对症药物，以免病菌蔓延扩散。

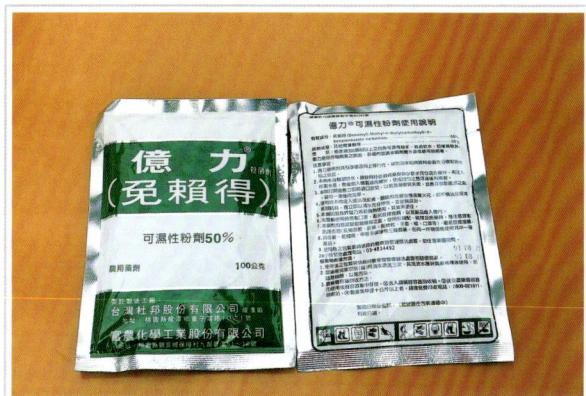

广谱性杀菌药亿力

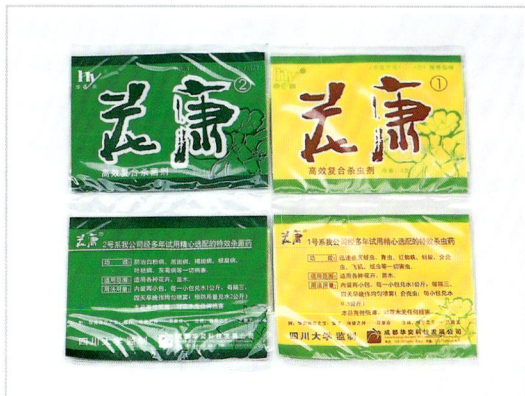

广谱杀菌杀虫药花康（1号为杀虫剂，2号为杀菌剂）

1. 病害的防治

兰花常见的病害有炭疽病、叶枯病、细菌性软腐病、病毒病以及生理性病害。

炭疽病为害症状（前期）

炭疽病为害症状（中期）

炭疽病为真菌性病害，主要发生于叶片。初时叶背出现黑褐色斑点，后在叶面出现黑色斑点。随着病斑的发展，周围组织变成黄色或灰绿色，而且病斑下陷。其病斑或具波纹或散生黑点。高温高湿有利于发病，故梅雨季节多发。病原孢子可随风雨传播，传染性强。其防治方法是：避免空气湿度过高，加强兰棚或兰室通风透气，不用喷水浇水；剪去受害部位，减少传染源；选用施保功可湿性粉剂1500倍液、40%百可得可湿性粉剂1500倍液、80%代森锰锌 800 倍液等。

叶枯病为真菌性病害。多发生于叶尖或叶缘。病斑初期呈水渍状、淡褐色，后病斑迅速扩大，病部干枯。此病是造成叶尖部或叶缘干枯的主要原因之一。在高温高湿季节发病严重，四五月发病主要危害老叶，七八月发病主要危害新叶。防治方法与炭疽病大致相同。

细菌性软腐病常发生于兰株基部。最先在叶片基部出现水渍状，逐渐变软发黑。同时，假鳞茎萎缩、发黑，根系也会逐渐腐烂。最后整株倒下。本病与真菌性病害不同之处是，其病部液体有臭味，且发黏，这是它的重要特征。高温高湿季节容易发病。防治方法是：注意通风，尽可能保持叶基部干爽；发病时，可选用 72%农用硫酸链霉素可湿性粉剂 800 倍液、50%代森铵水剂 1000 倍液、20%叶枯宁可湿性粉剂 1000 倍液。

炭疽病为害症状（后期）

叶枯病为害症状

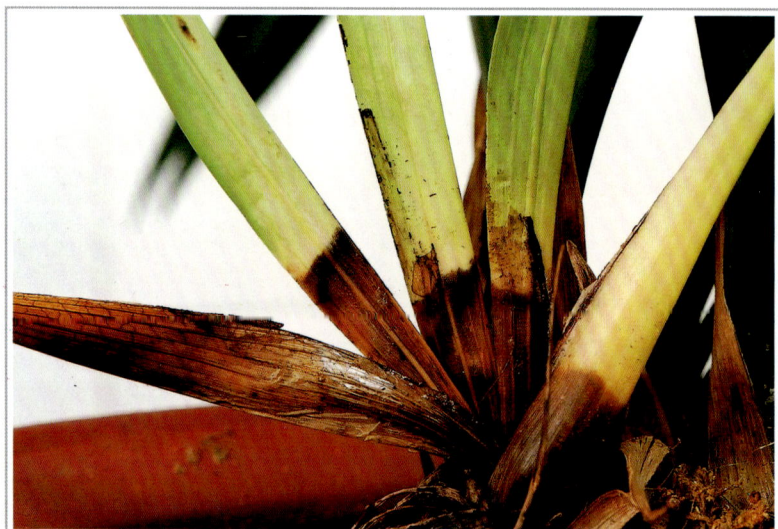

细菌性软腐病为害症状

锈病为真菌性病害。多见为害叶片背面。病斑红褐色，初呈斑点状，后连成大斑块，甚至成片。一般不会导致兰株死亡。防治方法是：兰花叶面喷水后注意通风，避免兰株机械损伤。发病时可选用 15%粉锈宁可湿性粉剂 1000 倍液、20%萎锈宁 400 倍液等。一般喷一两次即可控制病情。

　　病毒病又叫拜拉斯，也是兰花的一种常见病。病斑凹陷，呈失绿样透明。中后期叶片褶皱、萎缩、焦干。病毒病在新苗上症状表现较明显。病毒病病斑与肥害等引起的斑不同之处是其斑块呈斑驳状，病健交接处模糊。一般由汁液、机械接触、蚜虫传播。带病毒病兰株的盆流出的水，再用来浇健康兰株，也会使它带病毒。防治方法是：进行栽培管理时尽量避免兰株受伤；杀灭蚜虫等传播虫媒。此病目前仍无有效的药剂防治。发现病株，连盆销毁，其周围的兰株也应及时隔离观察。我国台湾产的培绿素对病毒病有一定的防治作用。

　　兰花还有些生理性病害，如冻害、日灼以及缺素症等。这些病害也会造成兰花各种症状（如病斑），并影响兰花的生长发育。

病毒病为害症状

病毒病在新苗上症状表现较明显

肥害引起的斑块病健交接处明显

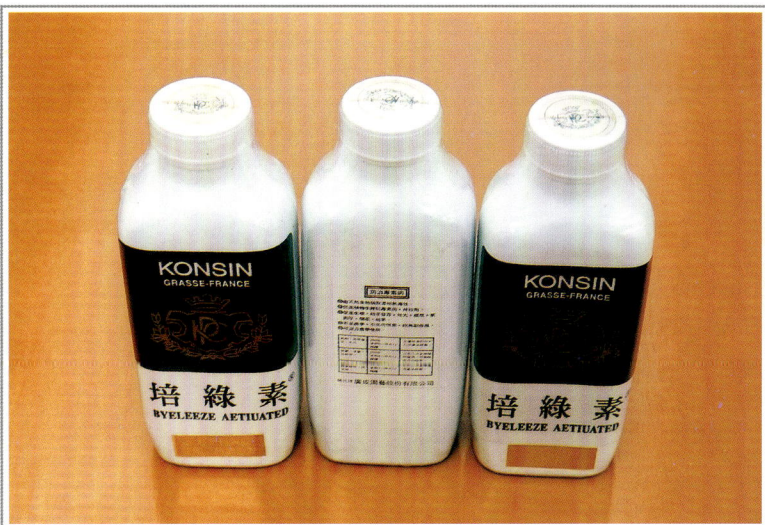
培绿素

锈病为害症状

受冻害兰株叶片变褐黑色

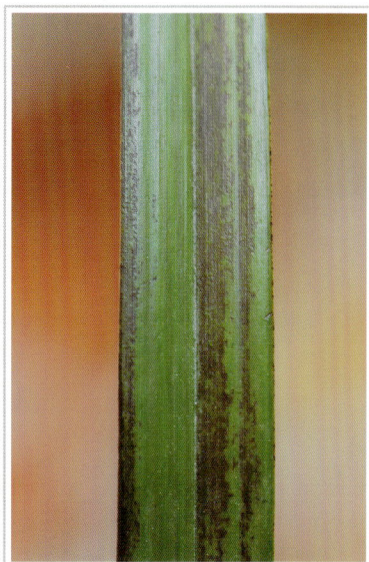
日灼引起的叶片也会变褐黑色

2.虫害的防治

兰花常见的虫害有介壳虫、蓟马、蚜虫等。

介壳虫有矢尖蚧、褐圆蚧、盾蚧蚧等。成虫身上被有褐色、白色或其他色泽的分泌物(即介壳),大小一般约为两三毫米。繁殖能力强,一年可繁殖数代。介壳虫多寄生在叶基部。它以刺吸口器穿入气孔内吮吸兰花体液,使叶片产生黄斑。在通风不良和湿度较高的兰棚或兰室,发害病严重。防治方法是:改善环境通风条件。少量兰株发病时可人工去除,可用牙签逐个挑除。大量兰株发病时,则选在卵孵化若虫时(因成虫有介壳药物不易渗入),选用40%速扑杀乳油1000倍液、10%多来宝悬浮剂1500倍液。

介壳虫

蓟马是兰花花蕾和花朵常见的虫害，成虫或若虫刺吸花蕾、花朵液汁，常造成花蕾和花朵卷缩干枯，变成褐色。体小，体长仅1毫米左右。成虫为黑色，善飞。若虫初孵时乳白色，2龄后若虫淡黄色。虫体呈长纺锤形。一年可繁殖数代。气候干燥有利于发病。防治方法是：10%吡虫啉可湿性粉剂1500倍液、50%巴沙乳油1000倍液。

蜗牛不属昆虫类，为软体动物。蜗牛危害兰花嫩叶，造成叶片破损（缺刻或孔洞）。蜗牛怕热喜湿，春末或秋季危害严重。防治方法是每平方米用10%贝螺杀。

蓟马成虫

蓟马若虫

蜗牛

蓟马为害症状

四

梅瓣梅形珍品佳品

春兰宋梅：又称宋锦旋梅。清乾隆年间，由浙江绍兴宋锦旋选育。外瓣圆头、收根，蚕蛾捧，刘海舌。有时开素舌。列春兰"四大天王"之首。

春兰集圆：又叫老十圆。选育于清道光末年。花葶有红、青之分。外瓣着根结圆，平肩，瓣质厚。软蚕蛾捧，头部有浅紫红晕，这是其特征。小刘海舌。有时开梅形水仙瓣。

春兰瑞梅：抗战时期浙江绍兴兰农选得，后苏州谢瑞山购买，将其命名为"瑞梅"。外瓣紧圆，有尖锋，平肩，半硬蚕蛾捧，刘海舌。花容端庄。

春兰绿英：清光绪年间，由苏州顾翔宵选育。青秆青花。外瓣头圆、细收根，蚕蛾捧，大如意舌。花稍落肩。

春兰畹香：清咸丰年间由江苏常熟叶畹香选育。外瓣长脚收根，硬捧，舌圆。

春兰贺神梅：又叫鹦哥梅。民国初年出浙江余姚鹦哥山。外瓣圆头，收根，紧边。观音捧。刘海舌。花不净绿。为春兰老八种之一。

春兰冠姚梅：1916年由湖州姚佐田选育。外瓣长脚圆头，稍落肩，蚕蛾捧，大如意舌。此品不易开花。

春兰桂圆梅：又叫赛锦旋梅。民国初年浙江绍兴朱祥保选育。外瓣短圆，合背半硬捧，小刘海舌。

春兰省庵梅：民国庚申年由上海朱省庵选育。外瓣圆头，半硬捧，大圆舌。

春兰无双梅：又叫蛾峰梅。1916年由上海徐子麟选育。外瓣长脚，软蚕蛾捧，如意舌。

春兰小打梅：清道光年间，选育于苏州。据说两兄弟为此花争打，故名。外瓣圆头、紧边、稍落肩。半硬蚕蛾捧，圆舌。

春兰翠桃：有红秆、青秆两种。外瓣似桃形，捧瓣与蕊柱合为一体（即"三瓣一鼻头"）。花色翠绿。

春兰万字：又叫鸳湖第一梅。清同治年间，杭州万家花园选育，故名。外瓣着根结圆，肩平。蚕蛾捧，前端有微红点。小如意舌。为"四大天王"之一。

春兰廿七梅：20世纪70年代浙江绍兴孙廿七选得。外瓣收根放角，软兜捧，刘海舌。花色翠绿。

春兰九章梅：抗战前选出。外瓣圆头紧边，半硬捧，分头合背，小如意舌。花色不净绿。

春兰天兴梅：清光绪年间选出。外瓣短阔圆头、顶部有钩锋，蚕蛾捧，舌稍下挂。

春兰新梅：外瓣卵形，细收根，蚕蛾捧，如意舌。

春兰湖州第一梅：又名逸梅。民国时湖州姚佐田选育。外瓣短圆，肩微飘，蚕蛾捧，小如意舌。

春兰同乐梅：又叫彩云同乐梅。外瓣椭圆形、收根细，蚕蛾捧，大铺舌。

春兰红跃梅：又称红宋梅、倩女。20世纪80年代由浙江绍兴徐红跃选得。外瓣比宋梅稍长，平肩，蚕蛾捧，小如意舌。

春兰庆梅：1982年下山于浙江嵊县。外瓣圆头，布红筋，蚕蛾捧，如意舌。

春兰绮霞梅：2000年选于浙江兰溪。外瓣圆头收根，蚕蛾捧，有时无舌。开品多样。

春兰春秀梅：下山于浙江舟山。外瓣圆头收根，蚕蛾捧，刘海舌。

春兰俏琼梅：梅瓣新花。外瓣桃形，平肩，软兜捧，花色娇嫩。

春兰罗翠绒梅：外瓣紧边收根，主瓣盖帽，蚕蛾捧，如意舌。

春兰定新梅：又叫钱氏梅。外瓣收根，瓣前端中央至瓣尖有粗线条。蚕蛾捧，大刘海舌。

春兰碧琼梅：外瓣短圆，收根，软兜捧，舌圆。

春兰仁海梅：2002年下山于浙江舟山。花形大，半硬蚕蛾捧，刘海舌。

春兰虞氏梅：外瓣圆头紧边，中宫佳，花容端庄。

蕙兰程梅：清乾隆年间，由江苏常熟程氏选育。赤壳类。外瓣短圆、紧边，半硬捧，龙吞舌。堪称蕙兰梅瓣的典范。列江浙蕙兰老八种赤蕙之首。

蕙兰关顶：又名万和梅。清乾隆年间，由苏州万和酒店老板选育。赤梗赤花。外瓣短圆，豆壳捧，大圆舌。江浙蕙兰老八种之一。

蕙兰元字：与南阳梅异名同物。清道光年间，产于江苏浒关。赤壳类。外瓣圆头长脚，半硬捧，执圭舌。花品稳定。江浙蕙兰老八种之一。

蕙兰老染字：又名阮字。清道光时由浙江嘉善阮氏选出。赤壳类。外瓣短窄紧边，大观音捧，大如意舌。有时花朵隆放，唇瓣上翘或歪斜，故俗称钩头老染字。江浙蕙兰老八种之一。

蕙兰状元：外瓣圆头，蚕蛾捧，舌含。花色绿中泛红晕。

蕙兰崔梅：抗战前由杭州崔怡庭选育，故名。赤转绿壳类。外瓣长脚、收根、圆头，半硬捧，龙吞舌。江浙蕙兰新八种之一。

蕙兰端蕙梅：民国初年，由浙江绍兴诸长生选育。赤蕙绿花。外瓣长卵形、细收根、微落肩，半硬捧，大如意舌。

蕙兰解佩梅：民国初年由上海张氏选育。外瓣长脚、圆头，白玉捧心，小如意舌，前端钩尖明显。花色嫩绿。

蕙兰江南新极品：1915年，由绍兴钱阿禄选育。花形与老极品相似，故名。赤转绿壳类。外瓣圆头、细收根，半硬捧，龙吞舌。江浙蕙兰新八种之一。

蕙兰清逸：外瓣短阔、收根，捧瓣与蕊柱紧抱，舌小。

蕙兰新华梅：20世纪90年代产于浙江新昌。外瓣圆阔，收根细，硬捧，穿腮如意舌。花品不稳定。

蕙兰老极品：由杭州冯长金选育。绿壳类。外瓣圆头、紧边、细收根，硬捧，龙吞舌。江浙蕙兰新八种之一。

建兰下山梅：外瓣桃形，硬捧，刘海舌。花色金黄，泛红色斑。

建兰绿梅：建兰梅瓣经典品种之一，选育于我国台湾南投。外瓣圆头、飘皱，蚕蛾捧，舌含。

墨兰大梅：产于台湾的梅形花。外瓣较狭长，瓣尖紧卷成鹰嘴状，硬捧，小刘海舌。

五

荷瓣荷形珍品佳品

春兰天一荷：20世纪80年代选育于浙江舟山。外瓣短阔，收根放角，蚌壳捧，大圆舌。

春兰翠盖荷：又叫文荷。清光绪年间产于绍兴。外瓣短阔，罄口捧，大圆舌。花色翠绿。

春兰环球荷鼎：20世纪20年代，产于浙江上虞县。外瓣短圆，细收根，蚌壳捧，如意舌。花色绿中泛紫红。

春兰荷瓣：外瓣短阔，收根放角，捧瓣佳，舌稍卷。花色鹅黄。

春兰团结荷：外三瓣阔大，中宫圆整。

春兰台州荷：外瓣短阔，收根放角，瓣有红筋，蒲扇捧，大圆古。

春兰金樽玉露：外瓣收根放角，蚌壳捧，大刘海白舌。

春兰同荷素：荷瓣花，舌上红斑隐约可见。

春兰新昌新荷：外瓣质厚糯，中宫圆整，舌上U形斑艳丽。

春兰荷形新品：外瓣收根放角，稍长，捧瓣合抱蕊柱，大卷舌。

春兰神话荷：荷瓣新品，花形端庄，主瓣盖帽，中宫圆整。

春兰姜氏荷：正格荷瓣花，花色黄，布红晕。叶起皱。

春兰陆荷：外瓣收根放角，中宫圆整，端庄秀雅。

春兰新荷：花形拱抱状，中宫佳，美中不足为大落肩。

春兰端秀荷：民国时期由宁波杨祖辰选育。外瓣短阔，紫红筋明显，蚌壳捧，大刘海舌。

春兰大团圆：杂交品种，正格荷瓣花。

春兰秋水云荷：外瓣短圆，收根放角，中宫圆整，舌上红斑醒目。

春兰郑同荷：又叫大富贵、团荷。清宣统元年在上海花窖中选育。外瓣厚实、收根、紧边，短圆捧，大刘海舌。

春兰盖圆荷：1988年选育于浙江山虞四明山区。外瓣短阔收根，蚌壳捧，大圆舌。

春剑神龙荷：花品佳，为春剑荷瓣精品。（谢文照拍摄）

春剑红荷：中宫圆结，花形雅致，花红绿复色。

春剑荷瓣：外瓣收根放角，瓣尖锋呈焦黑色，色带鹅黄。

春剑邛州红荷：外瓣收根放角，捧瓣合抱，舌卷。花色黄绿带红。

春剑荷瓣新品：中宫佳，花色翠绿。

莲瓣兰荡山荷：正格荷瓣，端庄别致。

莲瓣兰荷瓣：正格荷瓣，花形端庄。

莲瓣兰玉湖荷：外瓣呈卵形，花粉红，拉朱丝。

建兰金荷：花小巧玲珑。三瓣短圆，蚌壳捧，大圆舌。

墨兰十八娇梅：台湾墨兰中矮种。荷形花，呈拱抱状。

墨兰新浦望月：台湾墨兰荷形花。花褐黄色，如意舌上有一红斑。

墨兰龙梅：荷形花。

墨兰富贵：荷形花，花色深红。

六

水仙瓣珍品佳品

春兰西神梅：1912年由无锡荣文卿选育。梅形水仙。外瓣宽阔、头圆，蒲扇捧，大刘海舌，舌上一红点鲜艳。吴恩元称其为水仙门无上神品。

春兰龙字：又叫姚一色。清嘉庆年间出自浙江余姚。荷形水仙瓣。外瓣稍长，呈合抱状，观音捧，大铺舌，舌上红斑呈品字形。为春兰四大名种之一。

春兰漓渚第一仙：又叫江南第一仙。20世纪80年代选育。外瓣稍狭长，半硬捧，舌瓣稍后卷。

春兰逸品：民国初年出自浙江宁波。梅形水仙瓣。外瓣长脚圆头，细收根，挖耳捧，小圆舌。瓣上绿筋明显。

春兰西子：抗战前由江苏无锡沈渊如选育。开品常有梅形水仙和荷形水仙。外瓣长脚、收根放角，软蚕蛾捧，刘海舌或大圆舌。花色翠绿。

春兰宜春仙：又叫水仙大富贵。抗战前由浙江绍兴阿香选育。外瓣长脚圆头，软观音捧，大圆舌。

春兰碧桃梅：外瓣稍呈桃形，略飘。花质糯润，俏丽动人。

春兰茅洋水仙：外瓣长脚圆头，平肩，捧瓣短圆光洁，舌镶U形红斑。

春兰叶梅：外瓣长脚、收根放角，捧瓣起兜，舌上布V形红斑。

春兰巧百合：外瓣及捧瓣外翻，如百合花盛开，称百合瓣。

春兰汪字：清康熙年间，由浙江奉化汪克明选育。外瓣长脚圆头，一字肩，短捧，大圆舌。花色黄绿。为春兰四大名种之一。

春兰下山水仙：外瓣卵形，半硬捧，刘海舌。

春兰春元：外瓣狭长，带红筋，捧瓣圆整，舌上红斑俏丽。

春兰新水仙：外瓣长卵形，浅兜捧，舌含。

春兰大神龙：外瓣瓣形如戟，别具一格。

春兰安州仙：外瓣边布红晕，浅兜捧，舌稍后卷。

春兰汪笑春：早年流入日本，1993年后重新引回。外瓣长椭圆形，稍飘。猫耳捧，顶部有一红斑。大圆舌。

春兰宁波水仙：1986年产于浙江四明山区。外瓣略似菱形，蚕蛾捧，刘海舌。

春兰下山新品：外瓣卵形，半硬捧，大铺舌。

春兰水仙：外瓣圆头，浅兜捧，舌上红斑鲜艳。

春兰翠一品：抗战前由杭州吴恩元选育。外瓣尖部有微缺，蒲扇捧，大圆舌，舌上有一鲜红点。此品有人认为即后十圆。

春剑水仙：正格水仙瓣，清丽。

春剑春梅：平肩，捧瓣光洁，舌上红斑俏丽。

春剑蜀梅：春剑水仙瓣，红绿复色花。

春剑水仙新品：外瓣稍具复色，软兜。

春剑复色水仙：花复色，猫耳捧，飘门水仙瓣。

春剑飘门水仙：外瓣飘皱，捧瓣起兜明显、光洁，舌含。

春剑梅：外瓣卵形，具尖锋，捧瓣起兜明显，舌上红斑鲜艳。

春剑飘门水仙新品：外瓣飘皱，猫耳捧，大圆舌。

蕙兰秀字：清光绪年间绍兴阿龙选育。许霁楼"谓其美秀而文，故命之曰秀字"。外瓣长卵形、长脚圆头，半硬捧，大如意舌。花色翠绿。

蕙兰下山新品：外瓣向中脉卷曲，硬捧与蕊柱、舌瓣几乎合为一体，形似蜻蜓。花色黄绿。

蕙兰赛海鸥：外瓣桃形，稍飘，半硬捧，舌小。

蕙兰丁小荷：清咸丰年间由丁氏选育。外瓣收根放角、呈荷形，剪刀捧、呈金黄色，舌舒而不卷。

蕙兰荆溪蜂巧：外瓣桃形，稍落肩，飘门水仙瓣。

蕙兰叠翠：外瓣长脚圆头，平肩，浅兜捧，舌舒而不卷。

蕙兰大一品：清乾隆末年至嘉庆初年间，产自浙江富阳山。绿蕙名品。外瓣荷形，色翠绿，大软蚕蛾捧，大如意舌，被认为蕙兰荷形水仙瓣之冠。江浙蕙兰老八种之一。

蕙兰四明之秀：外瓣稍飘，花形与老种朵云相似。花赤绿色。

蕙兰叠彩：长脚圆头，平肩，蚕蛾捧，大如意舌。

莲瓣兰长脚梅：又称点苍梅。外瓣长脚圆头，捧瓣起兜，舌卷。

墨兰彩龙：花飘皱，红黄复色。

莲瓣兰邛梅：飘门水仙瓣，白花红斑，色质高洁。

七

蝶花珍品佳品

春兰珍蝶：又称小蝴蝶。副瓣蝶化，瓣端后卷，主瓣呈盖帽状。瓣上布紫色筋纹。

春兰黑虎：直立捧瓣蝶化，镶白覆轮，瓣前部布一紫红色大斑块。

春兰碧瑶：淡绿捧瓣蝶化，镶白边，其上布3条红筋。

春兰内蝶：直立捧瓣上侧蝶化2/3。

春兰剡溪蕊蝶：1996年选育于浙江嵊州，而嵊州古称剡溪，故名。捧瓣蝶化，捧上红斑艳丽。

春兰冠龙蝶：副瓣蝶化，瓣端后卷，主瓣呈盖帽状。

春兰五彩蝶：捧瓣蝶化1/2，瓣端后卷，主瓣呈盖帽状。

春兰虎蝶：捧瓣完全蝶化，白舌上布艳丽胭脂色斑块，对比强烈。

春兰虎耳蝶：捧瓣两侧蝶化，花黄绿色。

春兰红心蝶：捧瓣完全蝶化，白舌红斑对比强烈。

春兰千禧龙蝶：蕊蝶，捧瓣完全蝶化，白中泛胭脂红，妩媚可人。

春兰彩蕊蝶：捧瓣完全蝶化，如三舌均衡而出　工整。

春兰虎蕊蝶：直立捧瓣蝶化，中央有一暗红色斑块。

春兰如意蝶：外瓣平伸，蝶化1/2，主瓣呈盖帽状，花形似飞舞中的彩蝶。

春兰新蕊蝶：捧瓣完全蝶化，呈三舌状，具修饰美。

春兰黄龙捧蝶：黄花，捧瓣直立斜出，两侧蝶化，风姿独具。

春兰下山蕊蝶：捧瓣蝶化，镶白覆轮，覆轮内绿底散布紫红斑块。

春兰下山外蝶：外瓣蝶化2/3，呈波状，其形色与舌瓣相映成趣。

春兰红星蕊蝶：直立猫耳捧瓣蝶化，散布紫红斑块。

春剑桃园三结义：三星蝶，品位高。

豆瓣蝶：外瓣下侧蝶化，花形雅致。

莲瓣兰剑阳蝶：副瓣蝶化，娇美。

莲瓣兰兰乡之星：直立捧瓣蝶化，颇有玉兔彩蝶的韵味。

莲瓣兰丽江星蝶：直立捧瓣蝶化，色彩斑斓。

莲瓣兰玉兔彩蝶：直立捧瓣蝶化，镶白覆轮，瓣端具一较大红色斑块。

蕙兰绿蕙蝶：副瓣蝶化，瓣端外翻，红斑美艳动人。

蕙兰蝶梅：梅形水仙，且副瓣下沿蝶化。

蕙兰三星蝶：捧瓣蝶化，淡绿底色布暗红斑。

蕙兰新蝶：蕊蝶，捧瓣翡翠绿底布淡红至深褐色红斑。

蕙兰三星蝶新品：捧瓣完全蝶化。

蕙兰大叠彩：20世纪90年代选于浙江舟山。捧瓣蝶化，布紫红斑。花朵微俯。

蕙兰福荷蝶：两副瓣蝶化1/2，并弯曲成圆形，主瓣呈盖帽状。

建兰宝岛仙女：产于台湾省桃园。捧瓣完全蝶化，与玉雪天香、复兴奇蝶合称台湾四季三大名品。

建兰复兴奇蝶：台湾省蝶花名品。外瓣翻卷，捧瓣一半蝶化，并强烈外张。

墨兰玉观音：台湾省蝶花名品。捧瓣蝶化，偶有多舌。花色淡绿清雅，朝天开。

墨兰邵氏奇蝶：短阔捧瓣蝶化且外翻，舌外卷。

墨兰馥翠：台湾省蝶花名品。捧瓣蝶化，形态不一，花朝天开。

墨兰大唐报岁：又称大唐风华。花三星蝶，叶水晶龙，出叶蝶。叶芽开口时有明显香味。

墨兰华光蝶：台湾省蝶花名品。副瓣蝶化，黄花布暗红筋。

墨兰蓝蝴蝶：台湾省蝶花名品，外蝶。

墨兰文汉：台湾省蝶花名品。捧瓣完全蝶化，似三舌均衡而出。开品不稳定。

墨兰龙泉蝶：台湾省蝶花名品，捧瓣蝶化。

八

素心珍品佳品

春兰杨氏荷素：1920年由浙江宁波杨祖仁选育。外瓣短圆、收根放角，蚌壳捧，大圆舌。绿花白舌。

春兰老文团素：清道光年间，由江苏苏州周文段选出。外瓣狭长，收根放角，剪刀捧，大刘海舌。绿花白舌。

春兰张荷素：又叫大吉祥素。日本称素大富贵。外瓣长椭圆形，剪刀捧，大圆舌。开花三四天后易落肩。

春兰玉梅素：据说，清康熙年间选育于浙江绍兴。外瓣长脚圆头、收根，观音捧。舌瓣根两腮缘偶有淡红晕，为桃腮素。

春兰知足素梅：20世纪90年代选育。外瓣长脚圆头，蚕蛾捧，纯白如意舌。花守极好。

春兰苍岩素：据说清同治年间由浙江嵊县一塾师选育。外瓣宽大，猫耳捧，大卷舌。

春兰蔡梅素：清乾隆年间，由浙江萧山蔡氏选育。外瓣长脚收根、圆头。半硬捧，大圆舌。梅形水仙瓣。

春兰鹤棠素：桃腮素。花大，外瓣宽而先端稍缩，大卷舌绿花白舌。

春兰黄花素仙：飘门水仙瓣。花色鹅黄，白舌根部有红斑点。

春兰翠桃素：花色黄绿，桃腮素。

春兰荷素：花色黄绿，白舌。

春剑西蜀道光：产于道教发祥地青城山而得名。另有一说，因栽培于清道光年间故名。花色纯黄，质糯温润。列川兰五大名花之首。

春剑隆昌素：产于四川隆昌县，故名。外瓣淡青绿色，常呈飘皱形。捧瓣白色，舌乳黄。川兰五大名花之一。

春剑素：绿花，素净白舌。

春剑宫廷素：绿花白舌。

莲瓣兰小雪素：产于云南洱源西山。窄叶莲瓣兰。白素花，舌瓣常扭曲。

莲瓣素：白素花，圣洁。

莲瓣兰白玉素：全花鹅黄。

莲瓣兰碧龙玉素：白素花，布绿筋。

莲瓣兰麻壳素：外瓣绿白布红筋，舌素。

蕙兰玉仰素：外瓣卵形竹叶瓣，捧瓣稍长，大卷舌。舌苔黄绿色。

蕙兰翠定荷素：又称宝蕙素。外瓣竹叶瓣，捧瓣尖长，绿苔大卷舌。

蕙兰素心：花绿，大卷舌黄绿。

蕙兰黄素：全花净黄，华贵。

蕙兰江山素：又称江山水仙素。民国初年出自浙江江山。外瓣竹叶瓣，捧瓣长形，大卷舌。花黄绿，舌苔色绿底泛黄。

建兰天鹅素：绿花净白舌，端庄秀雅。叶具爪艺。

建兰连城素：叶斜立，叶缘后卷。花白绿色。

建兰尤溪素：叶厚实坚挺，叶脚散，叶姿清逸。花雅致。

建兰荷花素：外瓣荷形，花色黄绿，素花。

建兰观音素：花色黄素，素心。花品端庄。

墨兰碧绿：花碧绿色，舌鹅黄。

墨兰双美人：红花黄舌，粉斑叶带爪艺，为花艺双全品。

墨兰银华：净素花，具华丽之美。

墨兰白墨素：传统名品。绿花白舌，花瓣似百合外翻。

墨兰白玉：外瓣及捧瓣黄红相间，复色。舌净黄。

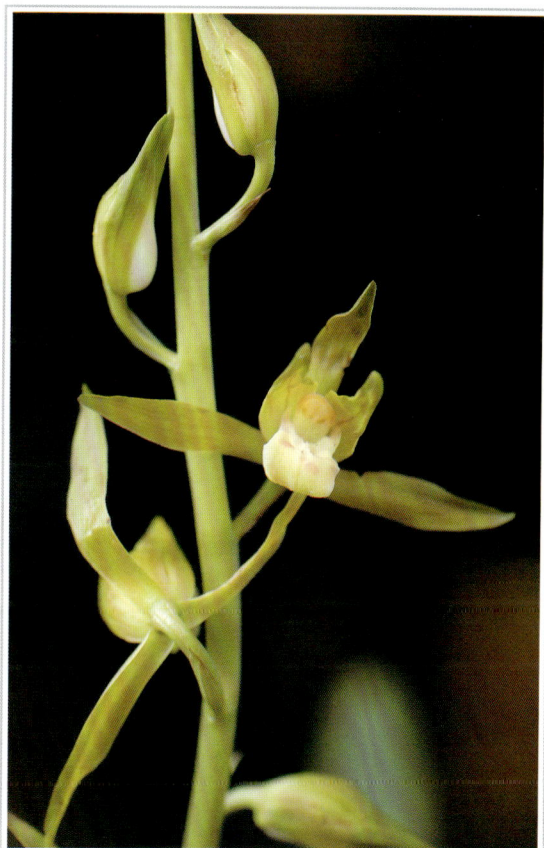

墨兰山城绿：产于福建南靖，因南靖县城所在地为山城镇，故名。品种多，此品为桃腮素。

九

色花珍品佳品

春兰朱金荷：外瓣荷形，花形端正，花色华美。

春兰皇冠：花荷瓣，花色淡黄泛绿。

春兰金皇后：花呈拱抱状，花色鹅黄。

春兰玉猫：外瓣荷形，猫耳捧。五瓣布晶莹水晶筋。

春兰紫娟：平肩，花紫红色泛绿。

春兰复色花：绿花金黄爪艺，色质对比度好。

春兰碧玉双辉：叶线艺，缟花，绿花黄爪。

春兰皇帝：荷瓣，花色金黄。

春兰黄花：花色鹅黄，典雅清丽。

春兰双艺：缟草缟花。叶黄中透艺，绿花白中透。

春兰朱金花：花色华丽富贵。

春兰爪艺花：绿花黄爪艺，叶具黄覆轮，为花艺双全品。

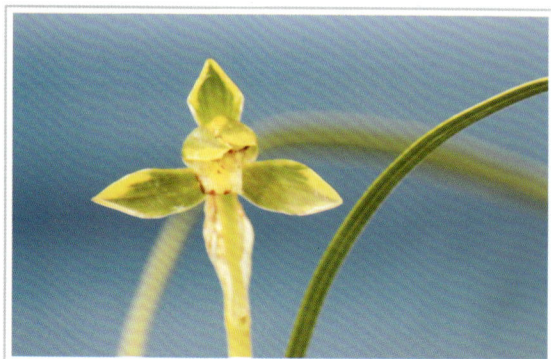

春兰覆轮花：花荷形、平肩、覆轮艺，叶亦具覆轮。

春兰金荷鼎：花荷形，鹅黄色花。

春兰荷形水仙：缟草缟花，绿花黄爪。

莲瓣兰龙女：白花红舌，色彩对比强烈。

莲瓣兰金色年华：荷瓣花，花色金黄。

莲瓣兰丹心：粉红花，舌鲜红镶白边。

莲瓣兰爱心：舌上心形红斑醒目。

春剑飘门水仙：花复色，神采飞扬。

春剑复色：复色花，花形稍飘皱。

春剑古堰花仙：荷形水仙瓣，红绿复色，美若仙女。

蕙兰红舌：花黄绿，大卷舌红色。

蕙兰黄桃：花色红，桃端带黄色，秆为鲜红色。

蕙兰黄花：花黄色，瓣端部绿色。

蕙兰新品：花黄绿，黄爪。叶片覆轮艺。

蕙兰复色花：黄花，瓣尖绿色。

蕙兰新品：舌鲜红夺目。

蕙兰新品：蕙兰绿花，外瓣黄爪，捧瓣黄覆轮。

蕙兰彩心复色花：猫耳捧中央鲜红色，边黄绿色。

蕙兰雪玉双轮：花叶均具白覆轮，素雅高洁。

送春天台之光：绿花白中透，清丽。

建兰新品：荷形花，色红。

建兰市长红：台湾省色花名品，花色血红。

墨兰阳明锦：台湾省色花名品，叶出斑缟艺等。

墨兰喇叭姬：台湾省色花名品。花多呈喇叭形，五瓣鲜红色镶白爪。

墨兰桃姬：台湾省色花名品，花色桃红，娇美。

墨兰金鸟：花形呈拱抱状，花金黄色镶褐色边。

墨兰红素：绿花，舌胭脂红。

墨兰白扇：叶为蛇斑艺，花色白、红、绿，对比度佳。

墨兰怪云：花黄绿色，舌上具胭脂红色斑。

墨兰蜡烛红：台湾省色花名品。

墨兰红花：花形端庄，花色红。

墨兰幸姬：台湾省色花名品，花淡黄色、布红筋，亮丽。

墨兰玉锦：台湾省色花名品，舌上红斑耀眼夺目。

墨兰复兴宝：产于台湾桃园复兴乡，故名。花色金黄，淡黄舌有淡胭脂色斑。叶具斑缟艺。

墨兰玉姬：花鹅黄泛粉玉，花及花梗均具玉质透亮感，冰肌玉骨。

墨兰绿花红：花绿色泛红。

墨兰新娘：台湾省色花名品，花色鲜红夺目。

寒兰丽人：花色殷红，绿白舌上红斑俏丽。

寒兰百合：五瓣红绿复色镶白边，大圆舌上红斑鲜艳。形色俱佳。

寒兰新品：花色翠绿，五瓣镶白边。

寒兰色花：外瓣竹叶瓣，花色嫩绿带白，花质如玉。

寒兰绿花：花色翠绿，白覆轮，捧瓣直立。

寒兰新品：绿花白舌，舌上红斑鲜艳。

寒兰飞燕：绿色花泛红晕，瓣带白爪。花形似春燕飞翔。

寒兰复色花: 花色红绿复色。

寒兰绿舌花: 红花镶绿爪,舌绿。

寒兰直舌花: 花红绿复色,舌平铺直出。

奇花珍品佳品

春兰绿云：1869年产于杭州五云山后大清里。多瓣荷瓣奇花，瓣数不定，最多可达十瓣。外瓣短圆，蚌壳捧，大刘海舌。常开并蒂花。

春兰四喜蝶：多瓣多舌奇花。外瓣四枚，呈X形。

春兰余蝴蝶：菊瓣奇花，花瓣多达20余瓣，无捧瓣，内侧着生众多小瓣。花色绿中带黄。

春兰多宝蝶：多瓣蝶化奇花。

春兰新品：多瓣多舌蝶化奇花。

春兰和慧奇：多瓣多舌奇花，牡丹瓣形。花形严整。

春兰处山莲花：花瓣多舌蝶化奇花。

春兰锦绣牡丹：多瓣奇花。外瓣平伸，呈放射状，内轮具多枚小花瓣且呈皱褶状。

春兰台州牡丹：多瓣多舌蝶化奇花。

春兰玉树迎春：树形花。众多花瓣呈树形排列，层层迭出。

春兰锦绣中华：多舌奇花，牡丹形。

春兰新品：多瓣奇花，花色黄绿泛红。

春兰荷多奇：多瓣多舌奇花，外瓣荷形，花色翠绿。

春兰乌蒙牡丹：多瓣多舌奇花，牡丹瓣形，具华丽富贵之美。

春兰盛世牡丹：多瓣多舌奇花，牡丹瓣形，娇艳妩媚。

春兰惊蝶：多瓣多舌蝶化奇花，牡丹瓣形，花朝天开。

春剑素蕊：捧瓣萼片化，舌净白。（谢文照拍摄）

春剑奇花：捧瓣和唇瓣均萼片化，花形似睡莲。

春剑环宇牡丹：花枝似树形，多瓣菊花形奇花。

春剑鱼凫奇：树形奇花。

春剑雪山蝶莲：多瓣多舌奇花，绿花与舌上U形红斑形成强烈对比。

春剑杂交种九仙牡丹：春兰与春剑杂交，又与春兰回交而育成的杂交种。多瓣奇花。

春剑鱼凫天娇：多瓣蝶化奇花。

莲瓣兰兰魂：多瓣荷瓣。

莲瓣兰黄金海岸：又称领带花。多舌奇花，花色粉红泛绿。

莲瓣兰剑湖奇：捧瓣和唇瓣萼瓣化，呈辐射对称，鼻头无蕊喙和花粉块，似兰花原始形态，故被称为活化石。

莲瓣兰玉树临风：多瓣树形奇花，柔美。

蕙兰翡翠蝴蝶：多瓣多舌奇花。花色翠绿，与舌上红斑相映成趣。

蕙兰春来：捧瓣和唇瓣萼瓣化，花形似睡莲，花色净绿。

蕙兰平步青云：多瓣奇花，树形。花色黄绿。

蕙兰东部雄狮：多瓣多舌多鼻奇花，花形似菊花。

蕙兰绿宝塔：多瓣奇花，树形。花色青翠欲滴。

建兰富山奇蝶：台湾省奇花名品。多瓣多舌蝶化奇花。

墨兰玉狮子：台湾省奇花名品。多瓣多舌多鼻奇花，花形似雄狮仰天长啸。

墨兰大屯麒麟：台湾省奇花名品。多瓣多舌奇花。

墨兰瑶池一品：多瓣多舌多鼻奇花。

墨兰红菊：捧瓣和唇瓣萼瓣化，花色绿黄带红。

墨兰玉兰冠：捧瓣、唇瓣萼片化，黄花绿嘴，花形似玉兰花。

墨兰神州奇：多瓣树形奇花。

墨兰杂交种天香牡丹：春兰与墨兰杂交，又与墨兰回交而育成。多瓣多舌奇花。

文山奇蝶：捧瓣蝶化，多舌菊花形。花朝上开。

十一

叶艺珍品佳品

春兰银山仙子：缟草缟花，花叶双艺。

春兰锦波：蛇斑艺，前暗后明。

春兰九州新荷：叶黄覆轮艺，花黄爪，花叶双艺。

春兰雪山：缟草缟花，花叶双艺。

春兰蛇斑：韩国线艺品。

春兰中透：株形秀雅，艺体明丽。

春兰加茂日进：日本线艺名品，覆轮艺。

春兰虎斑：韩国线艺品。

春兰曙光：叶黄覆轮艺，花黄爪，花叶双艺。

春兰奇叶：叶盘旋而上，似龙冲天。

春剑艺兰：从中缟艺向中透艺进化。（王永阳提供）

蕙兰兰台蕙锦：缟艺向中透艺进化。

蕙兰镶边草：叶黄覆轮艺，花黄爪，花叶双艺。

建兰金丝马尾爪：叶片黄缟艺带黄爪，素花。

建兰新品：覆轮艺，缟艺。

建兰萨摩锦：粉斑，红花。

建兰铁骨双艺：铁骨素出先明性白中透艺，老叶退艺，花为绿爪白花。

墨兰长崎大勋：爪艺，斑缟艺。

墨兰阳明锦：叶中斑艺、斑缟艺，花红色。

墨兰黄道：黄中斑向黄中透进化。

墨兰真鹤：白中斑艺。

墨兰养老中斑：中斑艺。

墨兰阿娇种：黄中斑艺。

墨兰花王锦：台湾省色花名品玉妃出艺白缟艺。

墨兰达摩：达摩冠转覆艺。

墨兰桑原晃：缟艺。

墨兰日向：白覆轮艺。

墨兰大石门：中斑艺。

墨兰圣纪晃：绀帽，斑处可见胡麻斑纹。

墨兰达摩：达摩中斑艺。

墨兰自由之华：墨兰蛇斑艺。

墨兰舍如章：台湾省色花名品金鸟出斑艺。

墨兰瑞晃：瑞玉进化为白中透艺。

寒兰缟艺：片缟艺向高艺进化。